Bibliografische Information der Deutschen Nationalbibliothek:

Die Deutsche Bibliothek verzeichnet diese Publikation in der Deutschen National-bibliografie; detaillierte bibliografische Daten sind im Internet über http://dnb.d-nb.de/ abrufbar.

Impressum:

Copyright © 2018 GRIN Verlag
Druck und Bindung: Books on Demand GmbH, Norderstedt Germany
ISBN: 9783668900554

Melanie Pappendorf

Was ist Wissenschaft? Einführung in das wissenschaftliche Arbeiten

GRIN Verlag

IUBH International University of Applied Sciences

Internationale Hochschule

Fernstudium

THEMA DER HAUSARBEIT: WAS IST WISSENSCHAFT?

Studiengang: Bachelor of Arts Personalmanagement, 1. Fachsemester

Modul: Wissenschaftliches Arbeiten

Kurs: BWIR01 Einführung in das wissenschaftliche Arbeiten

Melanie Pappendorf

eingereicht am 05.12.2018

I.   Inhaltsverzeichnis

Inhaltsverzeichnis

## II.	Abbildungsverzeichnis

## III.	Abkürzungsverzeichnis

amerik.	amerikanisch
bspw.	Beispielsweise
d.h.	das heißt
dt.	deutsch
engl.	englisch
franz.	französisch
griech.	Griechisch
i.A.	im Auftrag
insb.	insbesondere
Jhd.	Jahrhundert
o.ä.	oder ähnliches
sog.	Sogenannt
u.a.	unter anderem
vgl.	vergleiche
v.a.	vor allem
v.Chr.	vor Christus
z.B.	zum Beispiel

1   Einführung in das Thema

Mit Schlagzeilen wie „Betrug statt Wissenschaft", „Täuschung mit falschen Studien" oder „Internetlügen – Die Wahrheit hinter so genannten Fakten" werden wir heutzutage immer häufiger konfrontiert. Es kursieren immens viele mutmaßliche Theorien im Internet, die auf angeblichen Fakten beruhen, die den Menschen möglichst glaubhaft und logisch verkauft werden. So hält sich z.B. hartnäckig das Gerücht, dass ein Mensch statistisch gesehen pro Jahr acht Spinnen im Schlaf verschluckt. „1993 soll dies eine Journalistin namens Lisa Birgit Holst behauptet und in Umlauf gebracht haben, um zu zeigen, wie leichtgläubig die Menschen sein können." (Mikkelson, 2014) Es ist gut möglich, dass es immer noch viele Menschen gibt, die dieser Behauptung unreflektiert Glauben schenken. Dieses Beispiel verdeutlicht, wie schnell angebliche, wissenschaftliche Behauptungen, ohne vorhandene Beweise, zu Fakten werden können. Man sollte wissenschaftlichen Erkenntnissen daher nicht einfach bedingungslos vertrauen, sondern stets die Glaubwürdigkeit hinterfragen. Daraus stellt sich die Frage, wann man überhaupt von Wissenschaft reden darf.

In dieser Hausarbeit geht es daher um die Fragestellung: Was ist Wissenschaft? Problematische Ausgangslage ist die Interpretationsvielfalt der Wissenschaft. Es gibt viele, zum Teil sehr stark abweichende, Auffassungen von der Wissenschaft. Um diese komplexe Frage dennoch zu beantworten, werde ich zunächst die Grundzüge der Wissenschaft darlegen. Danach werde ich das wissenschaftliche Verständnis verschiedener Vertreter von Denkschulen im zeitlichen Wandel von der Antike bis zum heutigen 21. Jhd. aufzeigen und in diesem Kontext auch auf die heutige Beeinflussung der Digitalisierung eingehen. Abschließend nehme ich Bezug auf den Stellenwert der Wissenschaft mit Ausblick in die Zukunft und beende meine Arbeit mit einem persönlichen Fazit.

Meine Argumentationen werden sich auf diverse literarische Werke stützen, die Wertungen beinhalten können, welche durch exemplarisch ausgewählte Theorierichtungen zum Ausdruck kommen. Ich erhebe keinen Anspruch auf Vollständigkeit, sondern beabsichtige mit dieser Ausarbeitung das Informationschaos zu ordnen, zu einer strukturierten, verständlichen Sichtweise und somit einem gemeinsamen Verständnis für Wissenschaft beizutragen. Ganz im Sinne von Karl Popper (1902-1994): „Wer's nicht einfach und klar sagen kann, der soll schweigen und weiterarbeiten, bis er's klar sagen kann." (Kiesewetter & Zenz, 2002 S. 35.)

2 Grundzüge der Wissenschaft

Das deutsche Wort Wissenschaft ist ein Kompositum[1], das sich aus dem Wort Wissen (mit der ursprünglichen Bedeutung »erblicken, sehen« hin zur Bedeutungsentwicklung »gesehen haben« (Wermke, et al., 2001, S. 931) und daher »wissen/kennen« (Wermke, et al., 2002, S. 1055) und dem Substantiv -schaft („[...] verwandt mit schaffen" (Dudenverlag, 2018) zusammensetzt. Und was verstehen wir unter Wissen? „Als Wissen bezeichnen wir allgemein Erfahrungen und Erkenntnisse, die wir, unsere Mitmenschen oder Vorfahren gemacht und in irgendeiner Form gespeichert oder überliefert haben. Meistens geschieht das in der Hoffnung, dass dieses Wissen auch in Zukunft einen Wert haben wird." (Müller, 2006, S. 4) Wissen ist demnach das Ergebnis eines wissenschaftlichen Prozesses.

2.1 Begriffsdefinition: Wissenschaft

Im Bedeutungswörterbuch des Dudenverlag wird Wissenschaft wie folgt beschrieben: „[...] Wissen hervorbringende forschende Tätigkeit in einem bestimmten Bereich. [...]" (Wermke, et al., 2002, S. 1055). Seit dem 16./17. Jahrhundert gilt die Wissenschaft als „[...] geordnetes, in sich zusammenhängendes Gebiet von Erkenntnissen [...]." (Wermke, et al., 2001, S. 931) Daraus lässt sich ableiten, dass die Wissenschaft, durch forschende Tätigkeit in einem bestimmten Gebiet, neue Erkenntnisse gewinnt und somit Wissen erzeugt und verbreitet.

2.2 Wesensmerkmale der Wissenschaft

Sätze beginnen oft mit „Die Wissenschaft...". Aber gibt es überhaupt „die" Wissenschaft? Wissenschaft hat weder die Absicht, als einziges mögliches Erkenntnissystem dazustehen, noch als das beste System zur Erkenntnisgewinnung zu gelten. Wissenschaft kann allenfalls schlussfolgern, ob sie die Erkenntnis eines anderen Systems bestätigt, begründet anzweifelt oder dass sie zu keiner Erkenntnis kommt. (IUBH, 2016, S. 20) Daraus kann abgeleitet werden, dass es „die" Wissenschaft überhaupt nicht geben kann. Das Wesen der Wissenschaft lässt sich in zwei nachfolgende Wesensmerkmale unterteilen.

2.2.1 Wissenschaft als sozialer Prozess

Wissenschaft ist ein sozialer Prozess und wird bspw. an Universitäten gelebt, denn wissen-

---

[1] „Kom|po|si|tum: ein aus zwei selbstständigen, sinnvollen Teilen zusammengesetztes Wort, z. B. "Schreibtisch"". Link: https://www.wissenschaft.de/wissenschafts-lexikon/wahrig/kompositum/?l=BDW [Letzter Zugriff: 25.11.2018].

schaftliche Ergebnisse können subjektive Ansichten und Spekulationen beinhalten, die zu verschiedenen Perspektiven und Sichtweisen führen. Man spricht in diesem Zusammenhang auch von Denkschulen: eine bestimmte Denkrichtung verfolgende Schule. Mit Schule ist hier eine „bestimmte [...] wissenschaftliche Richtung, die von einem Meister, einer Kapazität ausgeht und von ihren Schülern und Schülerinnen vertreten wird" (Bibliographisches Institut GmbH, Duden, 2018) gemeint. Wissenschaft bezeichnet also auch die Gesamtheit der wissenschaftlichen Institutionen und der dort tätigen Wissenschaftler. Um für diese Denkschulen einen Nutzen und für die Gesellschaft einen Mehrwert zu schaffen, wird nach Modellen für ein funktionierendes Forschungsdatenmanagement geforscht, denn „Offener Zugang zu Wissen treibt wissenschaftliche Entwicklungen voran [...]." (Bundesministerium für Bildung und Forschung, 2018) Denkschulen können als Antrieb wissenschaftlichen Fortschritts angesehen werden. Ein berühmtes Beispiel hierfür ist die Frankfurter Schule[2]. Das wissenschaftliche Arbeiten und die daraus resultierenden Ergebnisse können somit von der sozialen Alltagswelt, wie z.B. Geld, Markt, Gesellschaft und Politik, beeinflusst werden.

2.2.2 Wissenschaft als kognitiver, methodischer Prozess

Erkenntnisse werden systematisch gewonnen und in einen Zusammenhang gebracht. „Wissenschaft ist ein methodisch geregeltes Erkenntnissystem. Wissenschaftlich wird eine Erkenntnis dadurch, dass sie mithilfe einer bestimmten Methode gewonnen wurde, die unabhängig von der forschenden Person ist. Aufgrund dieser unpersönlichen, methodisch geregelten Erkenntnisgewinnung kann das Forschungsergebnis geteilt werden, das zwar nicht unbedingt »wahr« ist (bezeichnet ontologisch "das, was Fakt ist"), aber eben unpersönlich generiert, d.h. »intersubjektiv transmissibel«. Aus Gründen der Einfachheit wird in der Alltagssprache weiterhin von »Wahrheit« gesprochen." (IUBH, 2016, S. 19 f.)

2.3 Wissenschaftsbereiche

In der Vergangenheit ließen sich verschiedene Wissensbereiche noch gut überblicken. Heute müssen sich Forscher auf eng begrenzte Wissensgebiete konzentrieren, um deren Inhalte noch vollständig nachvollziehen und verstehen zu können. (Müller, 2006, S. 13) Nachfolgend beispielhaft die Wissenschaftsbereiche nach der DFG-Fachsystematik: (Dt. Forschungsgemeinschaft, 2018)

---

[2] Siehe dazu Wiggershaus, 1997. Die Frankfurter Schule. Dt. Taschenbuchverlag.

- Geisteswissenschaften
- Sozial-/Verhaltenswissenschaften
- Chemie
- Physik und Mathematik
- Geowissenschaften
- Lebenswissenschaften
- Klassisches Ingenieurwesen
- Informatik, System-/Elektrotechnik
- Bauwesen und Architektur

An dieser Stelle sei noch erwähnt, dass die heutige Wissenschaft durch die zunehmende Spezialisierung und Ausdifferenzierung in noch sehr viele, weitere Wissenschaftsbereiche aufgeteilt und untergliedert werden könnte[3].

3   Wissenschaft im Wandel der Zeit

Wissenschaftler o.ä. beschäftigen sich schon seit Jahren mit der Wissenschaft. Daran hat sich bis heute nichts geändert, denn die Bedeutung der Wissenschaft unterliegt einem kontinuierlichen Wandel und Entwicklungsprozess. Angefangen im Zeitalter der Antike, in dem man noch versuchte zu beschreiben, was man glaubte mit dem Auge zu sehen und Erkenntnis, im wahrsten Sinne des Wortes, durch erkennen (fühlen, schmecken) erlangt wurde. Über den Einfluss der Kirche, die den Glauben neuer Erkenntnisse zu beeinflussen wusste, weiter zur Gier nach Neuem bis hin zu der Einsicht, dass Jahrhunderte von Jahren des Forschens und Nachdenkens wieder zurück zum Anfang führen und zu der Einsicht, dass wir weniger wissen als wir glauben zu wissen. (Hilbert, kein Datum)

3.1   Historische Herangehensweise von der Antike bis heute

Wissen war bis Mitte des 15. Jhd. noch ein sehr wertvolles und seltenes Gut und aufgrund hoher Kosten nicht für jede Person verfügbar. Erst die Erfindung des Buchdrucks von Johannes Gutenberg (etwa 1400-1468) um das Jahr 1450 ermöglichte massenhaftes Verbreiten von Gedankengut, das dadurch immer mehr Menschen zugänglich gemacht wurde. (Hoins & Mallinckrodt, 2015, S. 65) Im heutigen Informationszeitalter ist das Wissen ein öffentliches Gut, aber diese selbstverständliche Verfügbarkeit von Wissen ist das Ergebnis eines jahrhundertelangen Prozesses. Jahrhundertelange Wissenschaftsgeschichte wird nachfolgend in bestimmte Zeitabschnitte eingeteilt, mithilfe bekannter Vertreter von Denkschulen gegenübergestellt und mit Leitgedanken versehen.

---

[3] Siehe hierzu Karmasin et al., 2017. Die Gestaltung wissenschaftlicher Arbeiten. Facultas.

3.1.1 Antike bis 17. Jhd.

Wissenschaft erzeugt Wissen, das durch Beweise (in Form von Zusammenhängen, mathematischer Berechnungen und/oder Veranschaulichung) gesichert wird.

Vertreter von Denkschulen	Leitgedanken
Sokrates (469-399 v.Chr.), griech. Philosoph	Vermeintliches Wissen war für ihn beweisloses Für-selbstverständlich-Halten. Er bezeichnete sich selbst als unwissend und sah seine Aufgabe darin, das Scheinwissen anderer durch den »Sokratischen Dialog« zu entlarven.
Aristoteles (384-322 v.Chr.), griech. Philosoph, Naturforscher und Meisterschüler von Platon (etwa 427-347 v.Chr.)	Er verfolgte grundsätzlich das Prinzip der Induktion und zog aus beobachteten Einzelfällen Schlüsse für allgemeine Grundprinzipien. Seine Lehre vom richtigen Denken (Logos), im Sinne von Form und Methode hat bis heute Bestand. Viele Begriffe und Definitionen gehen auf seinen Ansatz zurück. Aristoteles fühlte sich stets verbunden mit Platon – auch wenn er dessen Ansichten, v.a. die platonische Ideenlehre[4], verwarf und sich stärker der Empirie verpflichtet fühlte. (Flashar, 2013)
Euklid von Alexandria (schätzungsweise 365-300 v.Chr.), griech. Mathematiker	Er hat wesentliche mathematische Inhalte, die an Platons Akademie gelehrt wurden, in ein wissenschaftliches Lehrbuch zusammengefasst: „Die Elemente von Euklid". (Euklid, 2003) Bereits bedeutende Mathematiker vor ihm, wie z.B. Thales von Milet (624-546 v.Chr.) gewannen mathematische Erkenntnisse, allerdings ohne ersichtliche Zusammenhänge. Euklid fasste das mathematische Wissen seiner Zeit systematisch durch logische Schlussfolgerungen zusammen, indem jede Erkenntnis auf eine schon vorher gesicherte Einsicht zurückgeführt und abgesichert wurde. Euklid legte Grundsätze fest, sog. „Axiome", aus denen dann alle weiteren Schlussfolgerungen, sog. „Postulate", abgeleitet werden konnten (deduktive Methode). (Bibliographisches Institut GmbH, 2018)

Tabelle 1: Ansichten der Antike bis zum 17. Jhd.

3.1.2 17. Jhd. bis zweite Hälfte des 19. Jhd.

Wissenschaft erzeugt durch begründete Methoden, die vorhandene Zweifel reduzieren bzw. ausmerzen sollen, gesichertes Wissen.

„Nach Meinung vieler Historiker entstand unsere heutige Wissenschaft [...] im 17. Jahrhundert als Reaktion auf gesellschaftliche und wirtschaftliche Veränderungen [...]." (Müller, 2006, S. 18) Sicherlich war der Zweifel ein wichtiger Faktor für diese Entwicklung.

Vertreter von Denkschulen	Leitgedanken
René Descartes (1596-1650), franz. Philosoph, Mathematiker und Naturwissenschaftler	Für ihn war das Zweifeln eine methodische Haltung: Was kann ich eigentlich mit Sicherheit wissen? Er hatte die Einstellung, eine Sache erst dann als wahr anzuerkennen, wenn diese unwiderlegbar begründet wurde, frei von Vorurteilen. Er zweifelte sogar die Grundsätze an, auf die sich die Beweise stützten, da diese bereits

---

[4] Siehe hierzu Horn, 2009. Moralphilosophie. Platon-Handbuch. Stuttgart & Hoerster, 1985. Klassiker des philosophischen Denkens. Band 2. München: Dt. Taschenbuch Verlag.

	fehlerbehaftet sein konnten. Seine „Abhandlung über die Methode, richtig zu denken und Wahrheit in den Wissenschaften zu suchen" gilt als das Grundwerk der Wissenschaftsgeschichte, auf dem die neuzeitliche Wissenschaft aufbaut. (Holzinger, 2016)
Immanuel Kant (1724-1804), dt. Philosoph	Er war der Meinung, dass sich der Zweifel nicht ausmerzen lässt und stellte sich als Begründer des Kritizismus die Frage, ob es eine reine Erkenntnis a priori geben kann. Eine Erkenntnis, die nicht durch Erfahrung/Wahrnehmung gewonnen wird, sondern deren Wahrheit bereits durch begründete Annahmen/Denkakten zur Verarbeitung der Erfahrung feststeht. Kants »Kritik der reinen Vernunft« (1781) untersucht die Grundlagen der Erkenntnisfähigkeit und schlussfolgert, dass die menschliche Erkenntnis begrenzt ist und nicht hinter die Wirklichkeit gelangen kann. (Kant, 2011)

Tabelle 2: Ansichten des 17. Jhd. bis zur zweiten Hälfte des 19. Jhd.

3.1.3 Zweite Hälfte des 19. Jhd. bis letztes Drittel des 20. Jhd.

Wissenschaft erzeugt Wissen, das „fehlbar" ist, sich aber auf wissenschaftliche Methoden stützt und wertfreie Forschungsergebnisse anstrebt.

Vertreter von Denkschulen	Leitgedanken
Maximilian Carl Emil Weber (1864-1920), dt. Soziologe, Jurist und Nationalökonom	Er war der Ansicht, dass die Wissenschaft zwar Methoden bereitstellt, die zu Schlussfolgerungen führen, aber nie zu einer persönlichen Auffassung im eigenen Wertesystem (Meinung, Vorstellung, Ideal). (Jenke, 2016) Er forderte „die Wertfreiheit der Wissenschaft, also die Notwendigkeit, dass Zusammenhänge voraussetzungslos, unbefangen und ohne Werturteile darzulegen seien." (IUBH, 2016, S. 39)
Albert Einstein (1879-1955), dt.-amerik. Physiker und Nobelpreisträger	Er gilt als weltweit bekannter Wissenschaftler der Neuzeit und ist ein berühmtes Beispiel dafür, den Zweifel als wissenschaftliches Grundelement anzuerkennen, denn nur mit seiner in Frage stellenden Denkweise gelangte er zu völlig neuen Erkenntnissen und stellte 1916 die allgemeine Relativitätstheorie auf.
Sir Karl Raimund Popper (1902-1994), österreichisch-britischer Wissenschaftstheoretiker	Er begründete den kritischen Rationalismus und legte folgende Annahme zugrunde: Wissenschaftliche Aussagen lassen sich zwar nicht mit absoluter Sicherheit beweisen, wohl aber falsifizieren und wissenschaftliche Erkenntnisse sind demnach nicht ontologisch „wahr", sondern lediglich „bisher nicht widerlegt"". (IUBH, 2016, p. 35) (Karl R., 2012, S. 81) Er begründete die Falsifikation als Methode und äußerte Kritik an der Induktion.

Tabelle 3: Ansichten der zweiten Hälfte des 19. Jhd. bis zum letzten Drittel des 20. Jhd.

3.1.4 Heutiges 21. Jhd.

„Wissenschaft ist die methodische Erkundung der Realität [...], um durch Versuch und Irrtum zu systematisch gesicherten Erkenntnissen und falsifizierbaren Theorien zu gelangen." (Fani & Schulz, 2018)

Diese differenzierte Betrachtung der Wissenschaft haben wir vielen historischen Denkern und Wissenschaftlern zu verdanken, die wertvolle Erkenntnisse und Impulse lieferten.

Der Ansatz der heutigen Zeit versucht, sich nicht an historische Ansichten zu klammern, doch diese zu nutzen, um methodisch, mithilfe überprüfbarer Theorien, zu eigenen, systema-tisch begründeten Schlussfolgerungen zu gelangen. Nach 2500 Jahren Denkergeschichte kann festgehalten werden, dass diese kontinuierliche aufklärende Haltung einen enormen Einfluss bis ins heutige 21. Jhd. hat und dass der Wissensdurst nach grundlegenden Antwor-ten weiter anhält. (Lesch & Vossenkuhl, 2017) Mit dem Unterschied, dass Vorstellungen von heute dank technischer Hilfsmittel schon morgen wahr werden könnten – durch die Wissen-schaft. Stephen W. Hawking (1942-2018), britischer theoretischer Physiker und einer der renommiertesten Wissenschaftler der heutigen Zeit, war der Meinung: „Der größte Feind des Wissens ist nicht Unwissenheit, sondern die Illusion, wissend zu sein." (Ayoub, 2018) Heute existiert zwar wesentlich mehr Wissen, was aber nicht zwangsläufig bedeutet, dass die Menschheit dadurch auch klüger ist, denn mehr Wissen kann auch zu mehr Komplexität füh-ren. Der Meinung war auch Sokrates mit seiner berühmten Einsicht, dass mit der Zunahme an Wissen, das Vertrauen in seine Finalität nachlässt: „Ich weiß, daß ich nicht weiß." (Platon, 1940, S. 9)

3.2   Beeinflussung der Digitalisierung auf die heutige Wissenschaft

Unsere kulturelle Zeitepoche wird als wissenschaftlich-technische Zivilisation bezeichnet, denn Wissenschaft und Technik nehmen eine dominierende Rolle ein. Die heutige Technik ermöglicht es uns, recht einfach und v.a. schnell auf sehr große Datenmengen zuzugreifen. (Müller, 2006) Heute werden Probleme mithilfe der größten Internet-Suchmaschine, die scheinbar unerschöpfliches Wissen aufweist, einfach »gegoogelt«. Es „entstehen neue For-men der Zusammenarbeit über die Grenzen von Ort, Zeit und Disziplinen hinweg." (Bundesministerium für Bildung und Forschung, 2018) Wir profitieren also vom digitalen Wandel. Allerdings verbergen sich hier auch Gefahren, denn im Internet kursieren auch fal-sche Informationen, da sich jeder Interessierte beteiligen kann, indem er einen Text verfasst und diesen einfach veröffentlicht, z.B. in Form eines Blogs, einer Internetseite oder eines Beitrags auf Wikipedia. Oft wird diesen Informationen unbewusst zu schnell Glauben ge-schenkt, obwohl es nicht selten mediale Interessen sind, die uns lenken. Diese Beeinflus-sung unseres Denkens wird durch die zunehmende Digitalisierung und durch die damit ein-hergehende Bequemlichkeit des Menschen immer stärker.

4   Heutige Wissenschaftstheorie

Warum kann und muss sich die Wissenschaft selbst thematisieren? „Die Wissenschaftstheo-rie [...] versucht auf die Frage zu antworten, was Wissenschaft ausmacht, was sie zu leisten imstande ist und was nicht." (Tetens, 2013, S. 7) Sie gilt zwar als eine eigenständige, voll-wertige Wissenschaftsdisziplin, ist aber zugleich auch als Querschnittsdisziplin für alle anderen Wissenschaftsbereiche zu sehen. Sie nimmt daher eine fundamentale Rolle bei jeder wissenschaftlichen Forschung ein, indem sie wissenschaftliche Qualitätskriterien definiert. Um Missverständnisse zu reduzieren und das Ergebnis vergleichbar zu machen, muss das gleiche Verständnis zu einem Thema vorliegen. Wenn bereits Begriffsdefinitionen und festgelegte Kriterien voneinander abweichen, ist keine objektive Betrachtung möglich und vernichtet dadurch jeglichen wissenschaftlichen Versuch eine Theorie aufzustellen.

4.1 Wissenschaftliche Qualitätskriterien

Es wird zwischen allgemeinen Kriterien der Wissenschaftlichkeit und spezifischen Bewertungskriterien für bspw. eine Abschlussarbeit unterschieden[5]. Nachfolgende, beispielhafte Aufzählung allgemeiner, wissenschaftlicher Qualitätskriterien soll zu einem gemeinsamen Verständnis für Wissenschaftlichkeit beitragen:

- Objektivität: Fakten verwenden, die unabhängig von der eigenen Meinung sind.
- Überprüfbarkeit: Nur überprüfbare Fakten verwenden, mit Quellenverweis.
- Originalität: Erkenntnisgewinn oder Eröffnung eines neuen Blickwinkels.
- Nachvollziehbarkeit: Fakten möglichst kurz, einfach, geordnet und prägnant sowie für jede Person begreiflich formulieren.

Wissenschaftliche Qualitätskriterien sind darauf ausgerichtet, möglichst präzise und wertefrei zu beschreiben, um glaubwürdige Erkenntnisse zu liefern. (Balzert, et al., 2011, S. 10 ff.)

4.2 Methoden der Wissenschaft

Es bedarf einer nachvollziehbaren Systematik, um diese wissenschaftlichen Kriterien einzuhalten. Es lassen sich zwei wesentliche, systematische Forschungsmethoden darstellen:

- Quantitative Methode/Deduktives Vorgehen: beschäftigt sich stark mit den Mitteln der Mathematik, d.h. mit dem statistischen Auswerten gesammelter Daten (zählen, messen, wiegen) in Form von z.B. Experimenten, Umfragen und Studien.
- Qualitative Methode/Induktives Vorgehen: beschäftigt sich mit der Erfassung und dem Analysieren komplexer Phänomene, also einem Ereignis, einem empirischen Gegenstand oder einer Naturerscheinung. Es werden Inhalte und Aussagen zu Themenstellungen z.B. in Form von (Experten-) Interviews und Evaluationen erhoben.

---

[5] Siehe auch Eco, 1993. Wie man eine wissenschaftliche Abschlußarbeit schreibt. 6. Auflage. Heidelberg: C. F. Müller Verlag.

Je nach Methode kann es zu abweichenden Forschungsergebnissen kommen, was insb. auf das Wesensmerkmal „Wissenschaft als sozialer Prozess" (siehe 2.2.1) zurückzuführen ist[6]. In der wissenschaftlichen Praxis können sich diese beiden Methoden ergänzen.

5 Bedeutsamkeit der Wissenschaft

Wissenschaft ist überall auf der Welt anzufinden und spielt deshalb eine zentrale, wichtige Rolle. Wenn auch manchmal unbewusst. Überall dort, wo es Fragen und Probleme gibt, könnte man auf Wissenschaftler treffen. Sie beschäftigen sich mit Fragen wie: Werden wir auch in Zukunft alle Menschen mit Wasser, Energie und Nahrungsmitteln versorgen können? Und wie schaffen wir das, ohne unsere Umwelt und das Klima übermäßig zu belasten?

5.1 Stellenwert der Wissenschaft

Wenn man sich fragt, wie eine Welt ohne Wissenschaft aussehen würde, so würde vieles, heute ganz selbstverständliches, einfach nicht existieren, wie z.B. Computer, Fernseher und Medikamente. Die meisten Dinge der heutigen Welt sind Resultate der Wissenschaft. Ohne zu verstehen, wie wissenschaftliches Wissen entsteht und welche Folgen Forschungsergebnisse für die Welt haben können, fehlt die nötige Orientierung, um (die richtigen) Entscheidungen für die Zukunft zu treffen. (Müller, 2006) Es herrscht sogar rechtskräftige Einigkeit über die Autorität der Wissenschaft, denn Anfang 2011 belegten Indizien, dass Karl-Theodor zu Guttenberg in seiner Dissertation Plagiate verwendete, was zur Aberkennung seines Doktorgrades und zum Rücktritt des Verteidigungsministers führte, obwohl er „als politischer Hoffnungsträger galt mit eigentlich großen Chancen auf eine erfolgreiche Kanzlerkandidatur." (IUBH, 2016, S. 18) (Kohler, 2011)

5.2 Ethik in der Wissenschaft

Derjenige, der Wissen besitzt, hat zugleich auch eine bestimmte Macht, denn er ist gegenüber anderen im Vorteil und könnte dieses Wissen missbrauchen. Passend dazu schrieb Sir Francis Bacon (1561-1626), engl. Philosoph, Naturwissenschaftler und Staatsmann, im Jahr 1597 in seinen lateinischen »Essays«: Nam et ipsa scientia potestas est. (Bacon, 1613, S. 180) Übersetzt und verkürzt ist dieses Zitat heute zum Gemeingut geworden: „Wissen ist Macht." (Blech-Straub, 2004, S. 22) Aufgrund dieses möglichen Wissensmissbrauches werden die Wissenschaftler von heute immer stärker mit ethischen Ansichten konfrontiert und

---

[6] Siehe dazu Froschauer et al., 2008. Die qualitative Forschungsstrategie. 4. Auflage. Wien: Facultas.

dazu angehalten, Verantwortung in der Wissenschaft zu übernehmen. Es wächst so langsam die Einsicht, „dass nicht jedes neue, materielle Produkt das Wohl der Menschheit vergrößert [und dies wiederum] weckt den Bedarf an Kriterien für sozial vertretbare Forschung." (Balzer, 2016, S. 38 f.) Wissenschaftler verstecken sich gerne hinter der bequemen Ansicht, dass die Verantwortung bei denen liegt, die den Einsatz vornehmen. Die wissenschaftliche Arbeit sei demnach ethisch neutral anzusehen, da sie für gute aber auch schlechte Zwecke eingesetzt werden kann.

6   Fazit

Die Wissenschaft ist ein geregeltes Erkenntnissystem mit Kausalitätsziel, aber kein verlässlicher Weg zur „Wahrheit", denn sie ist auch ein sozialer Prozess, der von vielen Interessen bestimmt wird. Zudem verleitet die heutige Digitalisierung dazu, Fakten auf bereits vorhandenes Wissen zu stützen und fälschlicherweise anzunehmen, einen direkten Zugang zur Realität zu haben. Es kann sich aber ebenso gut um ein Konstrukt handeln, das durch mediale Interessen bestimmt wird. Wissenschaftliche Aussagen, die über das Internet verbreitet werden, sollten daher immer hinterfragt werden. Aufgrund der heutzutage sehr großen Menge an Wissen können zwar viel einfacher, differenzierte Betrachtungen vorgenommen werden, aber umso wichtiger ist es, dieses massenhafte Wissen stets nach Relevanz und Verlässlichkeit zu überprüfen. Es haben sich dazu in der heutigen Theorie wissenschaftliche Qualitätskriterien etabliert, die zu einem gemeinsamen Verständnis für Wissenschaftlichkeit beitragen und dadurch zu glaubwürdigen Erkenntnissen führen, die vergleichbar und beurteilbar sind, unabhängig von der forschenden Person. Die Wissenschaft genießt einen hohen Stellenwert, da Forschungsergebnisse zur Lösung gesellschaftlicher Probleme beitragen und ökonomischen Einfluss auf zukünftige Entwicklungen haben können. Ethische Aspekte sollten dabei stets berücksichtigt werden, um dauerhaft eine lebenswerte Zukunft zu sichern.

Meiner Ansicht nach, sollten wir immer wieder neu hinterfragen, ob überhaupt von Wissenschaft geredet werden darf und was Wissenschaft bedeutet. Aus dem einfachen Grund, dass Wissenschaft ein abstraktes, unabhängiges Konzept ist, dass dem Wandel der Zeit ausgesetzt ist, da sich die Blickwinkel und Denkmuster von uns Menschen stets verändern und somit auch das Nachdenken und Schlussfolgern. Mit Blick auf die bisherigen Entwicklungen, ist es sehr wahrscheinlich, dass die Wissenschaft, nicht nur mithilfe der heutigen Technik, sondern vor allem durch den Zweifel, als unverzichtbaren Impuls und Grundhaltung, auch weiterhin permanenten Fortschritt sichert.

IV. Literaturverzeichnis

Ayoub, N., 2018. *Utopia.* [Online]
   Available at: https://utopia.de/stephen-hawking-gestorben-zitate-botschaften-83122/
   [Zugriff am 12 11 2018].

Bacon, F., 1613. *Religiöse Betrachtungen [engl.: The Essaies. Religious Meditations. Places of Perswasion and Disswasion].* London: s.n.

Balzert, H., Schröder, M. & Schäfer, C., 2011. *Wissenschaftliches Arbeiten.* 2 Hrsg. Witten: W3L GmbH.

Balzer, W., 2016. *Die Wissenschaft und ihre Methoden. Grundsätze der Wissenschaftstheorie.* 2 Hrsg. s.l.:Verlag Karl Alber.

Beier, B., 2001. *Harenberg Lexikon der Sprichwörter & Zitate.* 2 Hrsg. Dortmund: Verlag Harenberg.

Bibliographisches Institut GmbH, 2018. *Duden.* [Online]
   Available at: https://www.duden.de/rechtschreibung/Schule#b2-Bedeutung-6
   [Zugriff am 12 11 2018].

Bibliographisches Institut GmbH, 2018. *Lernhelfer.* [Online]
   Available at: https://www.lernhelfer.de/schuelerlexikon/mathematik-abitur/artikel/euklid-von-alexandria
   [Zugriff am 12 11 2018].

Blech-Straub, D., 2004. *Große Namen, bedeutende Zitate. Herkunft, Bedeutung und aktueller Gebrauch.* Mannheim: Dudenverlag.

Bundesministerium für Bildung und Forschung, 2018. [Online]
   Available at: https://www.bildung-forschung.digital/de/projekte-1774.html
   [Zugriff am 12 11 2018].

Dt. Forschungsgemeinschaft, 2018. *Fachsystematik/Struktur.* [Online]
   Available at: https://www.forschungsdaten.info/wissenschaftsbereiche/
   [Zugriff am 12 11 2018].

Dudenverlag, 2018. *Duden.* [Online]
   Available at: https://www.duden.de/rechtschreibung/_schaft
   [Zugriff am 12 11 2018].

Euklid, 2003. *Ostwalds Klassiker der exakten Wissenschaften. Die Elemente von Euklid.* 4 Hrsg. Haan: Europa-Lehrmittel.

Fani, F. & Schulz, L., 2018. *Was heißt hier »wissenschaftlich«?.* [Online]
   Available at: https://lektoren.blog/kriterien-wissenschaftlichkeit-1/
   [Zugriff am 12 11 2018].

Farndon, J., 2006. *Die berühmtesten Wissenschaftler.* Münster: Premio Verlag.

Flashar, H., 2013. *Aristoteles. Lehrer des Abendlandes..* München: C.H. Beck.

Hilbert, S., kein Datum *Eine kleine Erkenntnisgeschichte – Auf dem Weg zur Wissenschaftstheorie.* [Online]
   Available at: http://www.fdl.dhbw-mannheim.de/fileadmin/ms/bwl-fdl/Veroeffentlichungen/Eine_kleine_Geschichte_der_Wissenschaftstheorie.pdf
   [Zugriff am 12 11 2018].

Hoins, K. & Mallinckrodt, F. v., 2015. *Macht. Wissen. Teilhabe. Von der Schatzkammer zur digitalen Informationsinfrastruktur.* Bielefeld: transcript Verlag.

Holzinger, M., 2016. *René Descartes: Abhandlung über die Methode, richtig zu denken und Wahrheit in den Wissenschaften zu suchen.* 4 Hrsg. Berlin: s.n.

IUBH, 2016. *Einführung in das wissenschaftliche Arbeiten. Studienskript..* Bad Honnef: IUBH GmbH.

Jenke, N., 2016. *Max Weber: Wissenschaft als Beruf – Rezension von Cornelia Pauels.*
[Online]
Available at: https://soziologieblog.hypotheses.org/9727
[Zugriff am 12 11 2018].

Kant, 2011. *Kritik der reinen Vernunft. Köln: Anaconda Verlag; Siehe auch Jaeschke, Walter
et al. (2012): Die Klassische Deutsche Philosophie nach Kant. Systeme der reinen
Vernunft und ihre Kritik.* München: C. H. Beck.

Karl R., P., 2012. *Gesammelte Werke. Ausgangspunkte. Meine Intellektuelle Entwicklung.*
s.l.:Verlag Mohr Siebec.

Kiesewetter, H. & Zenz, H., 2002. Karl Popper und die Verantwortung. In: *Karl Poppers
Beiträge zur Ethik.* Tübingen: Mohr Siebeck, p. 35.

Kohler, B., 2011. *Frankfurter Allgemeine: Das Urteil.* [Online]
Available at: http://www.faz.net/aktuell/politik/die-guttenberg-affaere/plagiats-affaere-das-
urteil-1593331.html
[Zugriff am 12 11 2018].

Lesch, H. & Vossenkuhl, W., 2017. *Bayerischer Rundfunk: 2.500 Jahre
Philosophiegeschichte - Eine Bilanz.* [Online]
Available at: https://www.br.de/mediathek/video/denker-des-abendlandes-2500-jahre-
philosophiegeschichte-eine-bilanz-av:585dc93f3e2f290012a9c5cc
[Zugriff am 12 11 2018].

Lossau, N., 2011. *Welt.* [Online]
Available at: https://www.welt.de/wissenschaft/article13680456/Was-das-Hebelgesetz-in-
der-Physik-bedeutet.html
[Zugriff am 12 11 2018].

Mikkelson, D., 2014. *Zeit Online.* [Online]
Available at: https://www.zeit.de/2015/47/spinnen-schlucken-schlaf-stimmts
[Zugriff am 12 11 2018].

Müller, F., 2006. *Berühmte Wissenschaftler. WAS IST WAS. Wissenschaften.* Nürnberg:
Tessloff Verlag.

Platon, 1940. *Des Sokrates Verteidigung. Sämtliche Werke.* Berlin: s.n.

Pleger, W. H., 1998. *Sokrates. Der Beginn des philosophischen Dialogs.* s.l.:Reinbek.

Tetens, H., 2013. *Wissenschaftstheorie: Eine Einführung.* München: C.H.Beck.

Weizsäcker, C. F. F. v., 1986. *Die philosophische Interpretation der modernen Physik.* Halle:
Deutsche Akademie der Naturforscher.

Wermke, M., Klosa, A., Kunkel-Razum, K. & Scholze-Stubenrecht, W., 2001. *Das
Herkunftswörterbuch.* 3 Hrsg. Mannheim: Dudenverlag.

Wermke, M., Klosa, A., Kunkel-Razum, K. & Scholze-Stubenrecht, W., 2002.
Bedeutungswörterbuch. 3 Hrsg. Mannheim: Dudenverlag.

BEI GRIN MACHT SICH IHR WISSEN BEZAHLT

- Wir veröffentlichen Ihre Hausarbeit,
  Bachelor- und Masterarbeit

- Ihr eigenes eBook und Buch -
  weltweit in allen wichtigen Shops

- Verdienen Sie an jedem Verkauf

Jetzt bei www.GRIN.com hochladen
und kostenlos publizieren